BEI GRIN MACHT SICH IHR WISSEN BEZAHLT

- Wir veröffentlichen Ihre Hausarbeit, Bachelor- und Masterarbeit

- Ihr eigenes eBook und Buch - weltweit in allen wichtigen Shops

- Verdienen Sie an jedem Verkauf

Jetzt bei www.GRIN.com hochladen und kostenlos publizieren

Dimitri Falk

Kartierbericht zum Kartierkurs im Mechernicher Trias-Dreieck

Kartiergebiet Nr. 6

Bibliografische Information der Deutschen Nationalbibliothek:

Die Deutsche Bibliothek verzeichnet diese Publikation in der Deutschen National-
bibliografie; detaillierte bibliografische Daten sind im Internet über http://dnb.d-
nb.de/ abrufbar.

Impressum:

Copyright © 2012 GRIN Verlag GmbH
Druck und Bindung: Books on Demand GmbH, Norderstedt Germany
ISBN: 978-3-656-60713-7

RWTH Aachen

Geologisches Institut

Templergraben 55

52070 Aachen

25.03.2012

Wintersemester 2011/2012

Kartierbericht zum Kartierkurs im Mechernicher Trias-Dreieck vom 14.03. – 25.03.2012

- Kartiergebiet Nr. 6 -

Dimitri Falk

Inhaltsverzeichnis

1 Einleitung

1.1 Geographische Lage des Gebiets in der Region

Das zu kartierende Gebiet liegt im Nordteil des linksrheinischen Schiefergebirges im Bereich des Mechernicher Trias-Dreiecks, welches durch die Städte Mechernich, Kall und Nideggen begrenzt wird (vgl. Abb. 1), im SW der Niederrheinischen Bucht. Das Gebiet erstreckt sich über eine Fläche von ca. 6,5 km², ca. 4,5 km in NE-SW Richtung und ca. 1,5 km in NW-SE Richtung. Im NE wird das Gebiet durch die Gemeinden Eppenich und Bürvenich begrenzt. Der südwestliche Teil des Kartiergebietes liegt rund 1,5 km südwestlich der Gemeinde Vlatten. Die südöstliche Grenze des Gebietes liegt rund 300 m östlich der B265 auf Höhe der Gemeinde Gräfenloch.

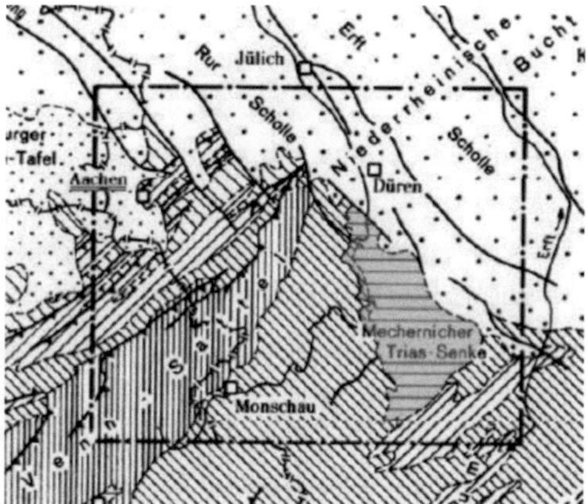

Abb. 1: Lage des Kartiergebietes im Nordteil des linksrheinischen Schiefergebietes

1.2 Geographisch-geomorphologischer Überblick

Das im Abschnitt 1.1 eingegrenzte zu kartierende Gebiet weist ein abnehmendes Relief Richtung NE auf. Es liegt ein absoluter Höhenunterschied von rund 135 m vor. Die höchste Erhebung des Kartiergebietes weist im SW der Lützenberg mit einer Höhe von 345,6 m aü. NHN uf. Eine weitere Erhebung stellt der Herrenberg mit 290,5 m ü. NHN südlich von Eppenich und Bürvenich dar. Das Gebiet weist eine Vielzahl an flachen Kuppen und Senken auf, die durch ein NW-SE gerichtetes Streichen gekennzeichnet sind. Darüber hinaus lassen sich auch Täler beobachten, die hauptsächlich in Richtung der Niederrheinischen Bucht im NE Streichen, da sie von Fließgewässern ausgeräumt wurden. Entwässert wird das Gebiet hauptsächlich durch den Vlattener Bach, der bei Hergarten südlich von Vlatten entspringt und Richtung Norden über Vlatten bis Wollersheim fließt. Dort ändert sich die Fließrichtung gen SE, sodass der Vlattener Bach im NE von Eppenich bzw. Bürvenich eine natürliche Begrenzung des zu kartierenden Gebiets darstellt. Der im südwestlichen Teil des geologischen Wanderpfades entspringende Bürvenicher Bach fließt Richtung NE und verläuft ab Höhe des Felsenkellers unterirdisch. Der Schluchtbach entspringt westlich des Herrenberges als vermutete Schichtquelle und entwässert ebenfalls in nordöstlicher Richtung. Die Wasserführung beschränkt sich dabei hauptsächlich auf das Frühjahr; im Herbst konnte diese nicht beobachtet werden. Als wirtschaftliche Nutzung der Kulturlandschaft ist überwiegend die Land- und Viehwirtschaft zu nennen; untergeordnet findet die Energiegewinnung durch Windräder lokale Verbreitung.

1.3 Geologischer Überblick

Das Mechernicher Trias-Dreieck, in dem das zu kartierende Gebiet liegt, ist Teil der Eifeler Nord-Süd-Zone, einer tektonischen Depression, die zwischen Trier und Zülpich den variszischen Faltengürtel des linksrheinischen Schiefergebirges quert (Meyer 1994:506). Im Mechernicher Trias-Dreieck wird der devonische Sockel weitgehend von diskordant aufliegenden Sedimenten der Trias verdeckt, von denen explizit die Serien des Buntsandsteins, des Muschelkalks und des Keupers zu nennen seien. Diese lassen sich untereinander gut abgrenzen, was auf einen Wechsel im Sedimentationsmilieu zurückzuführen ist. Während im Buntsandstein von einer überwiegend ariden Prägung der Sedimentite ausgegangen wird, ist der Muschelkalk durch marine Ingressionen gekennzeichnet und der Keuper durch einen Übergang zu fluviatil-terrestrischen Ablagerungsbedingungen geprägt (Grabert 1998:86). Ablagerungen der Jura und der Trias, die ehemals in geringer Mächtigkeit einen Großteil der nördlichen Eifel bedeckt haben, wurden weithin restlos abgetragen, da das Gebiet im Malm, in der Unter- sowie der Oberkreide landfest gewesen ist (Grabert 1998:12-13). Lediglich im Mechernicher Trias-Dreieck konnten sich triassische Sedimente in größerer Ausdehnung erhalten, da die Senke im Gegensatz zum Rheinischen Schiefergebirge nicht von der allgemeinen langsamen Hebung betroffen war und sich somit relativ zur Umgebung vertiefte (Walter 1992:320). Im nordöstlichen Teil des Gebiets verschwinden die Sedimentgesteine der Trias unter den tertiären sowie quartären Tonen, Sanden und Schottern der Niederrheinischen Bucht (Meyer 1994:524). Aus tektonischer Sicht sei zu erwähnen, dass im Mechernicher Trias-Dreieck eine Vielzahl von synthetischen sowie antithetischen NW-SE streichenden Abschiebungen verlaufen, was auf Diletationsprozesse aufgrund der Absenkung der im NE liegenden Niederrheinischen Bucht zurückzuführen ist.

2 Stratigraphie

2.1 Kurzer Überblick über die Schichtenfolge

Das zu kartierende Gebiet baut sich aus den Triassischen Gesteinen des Buntsandsteins, des Muschelkalks und des Keupers auf. Quartäre Sedimente finden sich im Bereich der Flussauen, welche alluvial aufgefüllt wurden. Die nachfolgende Abb. 2 verdeutlicht die Mächtigkeit der Triassischen Formationen in dem zu kartierenden Gebiet.

Im SW des Kartiergebiets steht der Obere Bundsandstein an und geht in Richtung NE gemäß der stratigraphischen Abfolge in den Unteren, Mittleren und Oberen Muschelkalk über. Etwa 0,5 km südlich des Lützenberges befindet sich eine NW-SE streichende Abschiebung. Nordöstlich der Störung steht erneut der Obere Buntsandstein an. Überlagert wird ein Teil der Störung sowie des Bundsandsteins und des Muschelkalkes mit alluvial abgelagerten Quartärsedimenten im Bereich des Vlattener Baches. Auf den Oberen Buntsandstein folgt zwischen Lützenberg und Boddental erneut der Untere Muschelkalk, der zum Herrenberg hin in den Mittleren und Oberen Muschelkalk übergeht. Auf Höhe des Herrenberges vollzieht sich der Übergang vom Oberen in den Mittleren und erneut in den Oberen Muschelkalk, was auf eine weitere Abschiebung schließen lässt. Auf den Muschelkalk folgen gen NE die Gesteinsformation des Unteren und Mittleren Keupers, wobei die Mächtigkeit des Ausstrichs für eine weitere Abschiebung SW von Bürvenich spricht. Sedimente des Oberen Keupers, der Jura, der Kreide und des Tertiärs fehlen, was auf eine geologische Schichtlücke hindeutet. Begrenzt wird das Kartiergebiet im NE durch alluvial aufgeschüttete Quartärsedimente des Vlattener Baches nördlich von Eppenich und Bürvenich.

Stufe	Mächtigkeit
Quartär	k.A.
Hiatus	
Gipskeuper	15-18 m
Kohlenkeuper	14 m
Hauptmuschelkalk	27 m
Lingula-Dolomit, Mergelkeuper	30 m
Muschelsandstein	40 m
Oberer Buntsandstein	50-80 m

Abb. 2: Darstellung des Gesamtsäulenprofils (eigene Darstellung)

2.2 Beschreibung der Schichtenfolge vom Liegenden zum Hangenden

2.2.1 Buntsandstein

Die Formation des Buntsandsteines lässt sich ausschließlich in der Nord-Süd-Zone der Eifel, besonders reichlich im Mechernicher Trias-Dreieck, auffinden (Meyer 1994:214). Die Gliederung der nahezu fossilfreien terrestrischen Schuttbildungen, auf die nachfolgend eingegangen wird, geschieht dabei auf litholoischer Grundlage.

2.2.1.1 Oberer Buntsandstein

Der Obere Buntsandstein kann durch eine rote bis gelblichbraune Farbe, sowie eine texturlose bzw. massige Struktur beschrieben werden. Die Korngröße kann allgemein als mittel- bis grobsandig bewertet werden, wobei allerdings auch konglomeratreiche Schichten mit kieseligen Einsprenglingen vorkommen. Der komponentengestützte Obere Buntsandstein weist eine mäßige bis schlechte Sortierung auf. Die Hauptkomponenten des Gesteins bestehen größtenteils aus Quarz (bei Konglomeraten auch aus Quarz- bzw. Quarzitgeröllen) und hämatitischem Bindemittel, welches die rötliche Färbung der Gesteine bedingt. Schwarze Verwitterungskrusten im Buntsandstein finden im Kartiergebiet weite Verbreitung, vor allem in Gebieten, die überwiegend auf Grundlage von Lesesteinen kartiert wurden. Ebenfalls üblich sind schwarze Klasten auf den Felder, die als Indikator für anstehenden hämatitischen Bundsandstein und somit zur Grenzziehung genommen wurden. Weite Gebiete im SW ließen sich nur anhand von Lesesteinen kartieren, jedoch konnten im Bereich des südlichen Hanges des Lützenberges auch einige Aufschlüsse des Oberen Buntsandsteines entdeckt werden.

Der erste Aufschluss (vgl. Abb. 3) befindet sich direkt an der Straße am südlichen Hang des Lützenberges in rund 310 m ü. NHN. Bei dem Aufschluss handelt es sich es sich um eine alte Entnahmegrube für Sandsteinblöcke oder Werksteinbänke, die vor allem im Bereich zwischen Floisdorf und Vlatten einst als Baustein genutzt worden sind (Meyer 1994:225). Beobachtet werden konnte eine konglomeratische Basis mit einer Mächtigkeit von ca. 1,30 m. Zum Hangenden bilden stark zerklüftete dolomitische Sandsteine mit einer Mächtigkeit von rund 60 cm die Auflage. Diese setzen sich aus schlecht sortiertem, mittelkörnigem Sandstein zusammen und sind durch eine grün-gelbe Farbe sowie starke Verwitterungserscheinungen gekennzeichnet. Zudem konnte eine starke Ausbleichung festgestellt werden. Die Schichten des Oberen Bundsandsteins fallen an diesem Aufschluss flach nach Nordosten ein (Einfallen: 040/05).

Abb. 3:Aufschluss in einer an der Straße liegenden alten Entnahmegrube (eigene Aufnahme)

Der zweite Aufschluss des Oberen Bundsandsteins liegt in einem alten Steinbruch im NW des ersten Aufschlusses ebenfalls am südlichen Hang des Lützenberges in einer Höhe von rund 320 m ü. NHN und weist eine Gesamthöhe von ca. 2,50 m auf. Wie der erste Aufschluss weist dieser ebenfalls eine konglomeratische Basis auf, die als grobkörnig, schlecht sortiert und matrixgestützt beschrieben werden kann. Die Konglomeratbank geht zum Hangenden in mittelkörnige, schlecht sortierte und plattige bis dünnbankige Sandsteinschichten über (vgl. Abb. 4). Im Gegensatz zu der eher gelblichen Farbe des ersten Aufschlusses konnte hier eine eher rötliche Farbe festgestellt werden, was auf einen höheren Hämatitanteil schließen lässt. Das flache Einfallen der Sandsteinschichten nach NE deckt sich mit dem des ersten Aufschlusses, wobei der Einfallswinkel allerdings etwas steiler ausgeprägt ist (Einfallen: 040/15).

Abb. 4: Alter Steinbruch im SW des Lützenberges (eigene Aufnahme)

2.2.2 Muschelkalk

2.2.2.1 Unterer Muschelkalk

Die Gesteinsformationen des Unteren Muschelkalkes, auch Muschelsandstein genannt, sind im ganzen Gebiet in der sandig-dolomitischen Fazies ausgebildet. Sie weisen eine gelb-graue bis braun-grüne Farbe auf und können weitgehend als fein- bis mittelkörnig beschrieben werden. Zudem zeichnet sich der Untere Muschelkalk durch eine gute Sortierung, karbonatisches Bindemittel und matrixgestütztes Komponentengefüge aus. Aufgrund von starker Verwitterung können auch nur schwache bis gar nicht mehr karbonatische Gesteine auftreten. Die Hauptkomponenten des Gesteins werden durch Quarz, Kalzit (z.B. in als Kalzit-Adern bzw. Kalzit-Drusen), Manganausfällungen und Dolomit gebildet. Der Untere Muschelkalk kann zudem eine feinschichtige bis plattige Schichtung sowie eine Schrägschichtung aufweisen, was ebenfalls im Kartiergebiet beobachtet werden konnte. Kartiert wurde der Untere Muschelkalk anhand von Lesesteinen; einen Aufschluss gab es nicht. Besonders in der Nähe der Hangendgrenze zum Oberen Buntsandstein finden sich auch braunrote dolomitische Sandsteine. Die Liegendgrenze zum Mittleren Muschelkalk wurde im Kartiergebiet durch einen höheren Karbonatgehalt sowie feinkörnigere Komponenten gezogen; stratigraphisch wird sie dort gelegt, wo mit gelblichen Dolomiten und dolomitischen Sandsteinen die ersten marinen Fossilien auftreten (Meyer 1994:228).

2.2.2.2 Mittlerer Muschelkalk

Bei der Gesteinsformation des Mittleren Muschelkalkes, unterteilt in Lingula-Dolomit und Mergelkeuper, handelt es sich um rote bzw. grüne blättrige Tonsteine zwischen plattigen bis feinbankigen, feinsandigen, dolomitischen Mergelstein. Im Hangenden finden sich über den fossilfreien „Schiefern" eine Abfolge von fossilreichen, dünnbankigen bis plattigen, grau-gelben, feinsandigen, dolomitischen Sand- und Schluffsteinen sowie dolomitischen Mergeln. Die Sortierung kann allgemein als gut bis sehr gut und die Gesteine, mit ebenfalls karbonatischem Bindemittel, können als matrixgestützt beschrieben werden. Die Hauptkomponenten des Mittleren Muschelkalkes entsprechen denen des Unteren, zusätzlich kann Ton in Form von „Schiefertonen" sowie Mergel vorliegen. Im Mittleren Muschelkalk wären Funde von Trochiten, Muscheln sowie Fossilien der Lingula möglich, allerdings konnten im Kartiergebiet keine gefunden werden. Kennzeichnend für den Mittleren Muschelkalk sind Pseudomorphosen, die aufgrund von Übersalzung lagunärer Becken, anschließender Ausfällung von Steinsalz mit nachfolgender Verfüllung der Kristallräume mit Tonmineralen als charakteristisch anzusehen sind. Schichtungen treten in Form von Feinschichtung oder Schrägschichtungen auf, was jedoch nur anhand von Aufschlüssen und nicht anhand von Lesesteinen im Gelände beobachtet werden konnte. In dem zu kartierenden Gebiet ließen sich zwei Aufschlüsse des Mittleren Muschelkalk finden. Ein Aufschluss befindet sich am Schluchtbach westlich des Herrenberges (vgl. Abb. 5). Hierbei handelt es sich um einen alten Steinbruch mit ca. 3,50 m Höhe. Im unteren Bereich des Steinbruches ließ sich eine dünnbankige Schichtung erkennen, im oberen Bereich hingegen eine plattige Schichtung. Anhand der gemessenen Einfallswerte fallen die Schichten flach in Richtung NE ein (Einfallen: 060/15). Ein weiterer Aufschluss ließ sich nahe des Felsenkellers, an der vierten Station des Geologischen Pfades (vgl. Abb. 5), auffinden. Dort wurden dolomitsche Kalksteine mit feinen Tonsteinlagen („Schiefertone") gefunden. Durch die gemessenen Werte der Einfallsrichtung und des Einfallswinkels, wurde ebenfalls ein Einfallen nach NE festgestellt.

Abb. 5: Alter Steinbruch am Schluchtbach (links), Station 4 des Geologischen Pfades (rechts) (eigene Aufnahme)

2.2.2.3 Oberer Muschelkalk

Der Obere Muschelkalk kann vorwiegend als gelb-grau-grüner Dolomit von feinsandiger Korngröße und guter Sortierung beschrieben werden. Kennzeichnend ist ebenfalls das karbonatische Bindemittel sowie das matrixgestütze Gefüge. Im Liegenden des Oberen Muschelkalks lassen sich Dolomitbänke von ca. 15-30 cm Mächtigkeit mit zwischengeschalteten Bänkchen grünlicher Sandsteine beobachten. Im Hangenden sind die Dolomite dünnbankig bis plattig sowie schluffig-mergelig ausgeprägt und von dünnen Lagen grünlichem Mergel durchzogen. Als Hauptkomponenten des Oberen Muschelkalkes sind Dolomit und Manganausfällungen zu nennen. Viele verschiedene Arten von Fossilien, darunter z.B. Trochiten, Brachiopoden, Ooide, Muscheln, Gastropoden, Pflanzenreste und Wirbeltierreste, sind im Oberen Muschelkalk vertreten. In dem Gebiet nördlich des Herrenberges, der durch Lesesteine kartiert wurde, ließen sich Brachiopoden und Trochiten finden. Ein hoher Dolomitgehalt weist neben Sand- und Glaukonitführung sowie Oolithen auf küstennahe Sedimentation hin. Sofern die Dolomite aus dem Oberen Muschelkalk nicht fossilführend waren, können sie als überwiegend texturlos beschrieben werden.

Zwei Aufschlüsse des Oberen Muschelkalks ließen sich im Kartiergebiet finden. Der erste Aufschluss eines alten Steinbruches östlich von „Auf der Warth" (vgl. Abb. 6) zeigt eine ca. 3 m mächtige Abbaugrube mit bankiger Schichtung im Liegenden sowie einer feinbankigen-plattigen Horizontal-schichtung im Hangenden. Die feinsandige dolomitische Gesteinsformation weist eine gemessene Einfallsrichtung von NE sowie einen flachen Einfallswinkel auf (Einfallen: 030/10). Der zweite Aufschluss stellt die siebte Station des Geologischen Pfades nahe des Felsenkellers im SW der Gemeinde Bürvenich dar. Die hier anstehenden Dolomite wurden mit einer Einfallsrichtung von NE sowie einem flachen Einfallswinkel eingemessen (Einfallen: 060/20).

Abb. 6: Abbaugrube östlich von „Auf der Warth" (links), Station 7 des Geologischen Pfades (rechts) (eigene Aufnahme)

2.2.3 Keuper

Der Keuper ist im zu bearbeitenden Kartiergebiet nur sehr wenig verbreitet vorzufinden. Bedingt durch das angrenzende Quartärgebiet und den verwitterungsbeständigen Oberen Muschelkalk, ist der Bereich des Keupers nur schwer abzugrenzen. Zudem ließen sich keine Aufschlüsse finden, die eine genauere Abgrenzung zugelassen hätten. Die in der Karte eingetragene Grenze zwischen Oberem Muschelkalk und Unterem Keuper ist ausschließlich auf einige Lesesteine zurückzuführen, die auf den Feldern nördlich des Herrenberges auf Höhe der achten Station des Geologischen Pfades beim Felsenkeller gefunden worden sind. Die Grenze des Keupers zum Quartär ließ sich anhand des flacher werdenden Reliefs auf Höhe der Orte Eppenich und Bürvenich festlegen.

2.2.3.1 Unterer Keuper

Der Untere Keuper bzw. der Gipskeuper weist eine gräuliche Färbung auf, ist gut bis sehr gut sortiert und verfügt über einen überwiegend hohen Tonanteil. Vereinzelt konnten auch Ton- und Mergelsteine von grün-braun-grauer Farbe sowie dünne fein- bis mittelsandige Bänkchen festgestellt werden, die aufgrund der schwachen Reaktion mit Salzsäure als dolomithaltig eingestuft wurden und sich darüber hinaus durch ein matrixgestützes Gefüge charakterisieren ließen.

2.2.3.2 Mittlerer Keuper

Der Mittlere Keuper bzw. Steinmergelkeuper zeichnet sich im Kartiergebiet durch eine graue bis leicht bräunliche Farbe aus. Er weist ein Korngrößenspektrum von feinsandig bis tonig auf und ist gut bis sehr gut sortiert. Die gefundenen Lesesteine bestanden überwiegend aus zwei Schichten, die eine variierende Mächtigkeit von feinschichtig bis plattig aufwiesen. Die Basis bildete eine mergelige Schicht mit eingesprenkelten Klasten, die durch eine Erosionsbasis von der darüber liegenden Schicht aus Tonstein getrennt ist. Die teilweise aus feinsandigem Sand bestehende Mergelschicht weist ein matrixgestütztes Gefüge mit karbonatischem Bindemittel auf. Darüber hinaus ließen sich noch Steinsalz-Pseudomorphosen an den Unterflächen der Tonmergelsteine finden. Der Gipskeuper kann eine durchschnittliche Mächtigkeit von 15-18 m erreichen.

2.3 Paläogeographie und Ablagerungsbedingungen

Die variszische Orogenese entstand durch den Zusammenstoß des Kontinents Armorika mit Laurussia und Gondwana im Oberkarbon. Der in Folge der Kollision obengenannter Kontinente entstandene „neue" Kontinent wird als Old-Red-Kontinent bezeichnet. Bereits im Perm wurde das herausgehobene variszische Orogen weitgehend durch Erosion abgetragen, allerdings stellte das Festland mitsamt der Inseln noch ein wichtiges Liefergebiet für Schutt dar. Sedimentiert wurde in der Trias überwiegend in der tektonisch abgesenkten Eifeler Nord-Süd-Zone, die die Verbindung zwischen dem Nord- und Südmeer darstellte.

Zur Zeit des Unteren Buntsandsteins war die Eifel ein Hochgebiet, in dem nichts abgelagert wurde. Erst im Mittleren Buntsandstein kam es zur Herausbildung der Eifeler Nord-Süd-Zone als Senkungsgebiet, in dem Konglomerate und Sande fluviatil abgelagert wurden (Meyer 1994:214). Im Oberen Buntsandstein vollzieht sich ein deutlicher Übergang in den Ablagerungen, da der Anteil an Schluffen und Tonen am Aufbau des Profils im Vergleich zu den eher grobkörnigen Klasten des Mittleren Buntsandsteins zunimmt. Allgemein dominiert im Buntsandstein die fluviatile

Sedimentation von rötlichen Sanden und Schluffen eines aus Ostfrankreich über Trier nordwärts fließenden Stromes unter heiß-ariden Klimaverhältnissen, sodass die Ausbildung von hämatitischen Tonsteinen, Sandsteinen und Konglomeraten als charakteristisch anzusehen ist (Grabbert 1998:12-13). Der Muschelkalk stellt durch eine Transgression des Meeres den Übergang zum randmarinen Milieu dar, sodass Kalksteine, Mergel, Sandsteine, Tonsteine sowie Dolomite vorherrschen (Grabbert 1998:12-13). Es ist davon auszugehen, dass die trochitführenden Schichten in bewegtem flacherem Wasser abgelagert wurden, während die tonplattigen Schichten des unteren Hauptmuschelkalks in tieferem und stillem Wasser sedimentiert wurden (Meyer 1994:231). Die Dolomite des oberen Hauptmuschelkalks wiederum sind als Flachwasserbildungen anzusehen und stellen somit den Übergang zu den Verlandungserscheinungen des Keupers dar (Meyer 1994:231). Im Keuper gab es einen Wechsel zwischen marinen und terrestrischen Sedimentationsbedingungen, sodass eine limnisch-brakische Fazies mit einer Abfolge von Tonmergeln, Tonsteinen, Dolomiten, Gips und Sandsteinen zu beobachten ist (Grabbert 1998:12-13). Die terrestrischen Sedimentations-bedingungen des Keupers lassen sich anhand von Deltaschüttungen in das flache Meer des Muschelkalks nachvollziehen. Die Ablagerung der Sedimente bis zum Wasserspiegel ermöglichte dabei die Ausbreitung von Wäldern und Sümpfen in diesem Gebiet (Meyer 1994:233). Zur Entstehung von Gips- oder Salzlagerstätten ist es in der Trias nicht gekommen, allerdings zeugen zahlreiche Pseudomorphosen im Mittleren Muschelkalk und Mittleren Keuper von hypersalinen lagunären Bedingungen und ariden klimatischen Verhältnissen, unter denen es zur Ausscheidung von Steinsalz-Kristallen kam. Der Übergang zu dem vollmarinen Sedimentationsmilieu des Lias vollzieht sich im Oberen Keuper (Meyer 1994:235), allerdings sind die Sedimente des Oberen Keupers, des Jura und der Kreide im Mechernicher Trias-Dreieck weitestgehend nicht anzutreffen. Dies spricht dafür, dass das Gebiet zu jener Zeit landfest gewesen sein muss und die Sedimente daher erodiert worden sind. Eine weitere Sedimentation erfolgt erst im Tertiär, die mit einer Transgression des Meeres von Norden nach Süden einher geht, sodass die Ablagerung von tertiären Sedimenten sowie Braunkohle nach Norden hin mächtiger wird. Im Quartär überwiegt die Sedimentation von Hochflutlehm und Schottern entlang der Bäche, sodass z.T. sogar noch Terrassen nachvollziehbar sind.

3 Tektonik

3.1 Allgemeiner Überblick

Das Mechernicher Trias-Dreieck als Teil der Eifeler Nord-Süd-Zone behält die Senkungstendenz während des Mesozoikums, die bereits in Kapitel 1.3 angesprochen wurde, bis in das Alttertiär bei und kann somit nach Meyer (1994:507) auf eine Fraktur bzw. Schollengrenze im tieferen Untergrund zurückgeführt werden. Die Störungstektonik im Kartiergebiet ist zu erklären, indem man sich der tektonischen Rahmenbedingungen bewusst wird, die durch die Niederrheinische Bucht geschaffen wurden (Meyer 1994:507). Die Niederrheinische Bucht stellt ein NW-SE gestrecktes tektonisches Senkungsfeld dar, das sich durch ausgeprägte tertiäre und rezent aktive Schollentektonik auszeichnet (Walter 1992:317). Gegliedert wird die Niederrheinische Bucht durch eine Vielzahl von NW-SE und untergeordnet WNW-ESE streichenden Störungen in zahlreiche Horste und Gräben (Walter 1992:317). So wird die Tektonik im Mechernicher Trias-Dreieck durch NW-SE streichende Abschiebungen bestimmt, die sich zum Rand der Niederrheinischen Bucht häufen (Meyer 1994:527) und auf Extensionsprozesse zurückzuführen sind. Es ist daher davon auszugehen, dass die Abschiebungen im Mechernicher Trias-Dreieck zeitlich direkt mit den Brüchen der Niederrheinischen Bucht zusammenhängen und daher frühestens im Mitteloligozän entstanden sind (Meyer 1994:527). Teilweise verlaufen diese Störungen orthogonal zu den variszischen Faltenachsen, weshalb auch die Möglichkeit in Betracht gezogen werden muss, dass einige der Störungen als variszische Querstörungen angelegt und durch die jüngere Tektonik wiederbelebt wurden (Meyer 1994:527).

3.2 Bruchtektonik im Kartiergebiet

Im zu kartierenden Gebiet ließen sich drei NW-SE bzw. WNW-ESE streichende Abschiebungen ausmachen, was sich mit dem Generalstreichen der Störungen im Mechernicher Trias-Dreiecks deckt. Es handelt sich bei diesen Abschiebungen um antithetische Abschiebungen, da bei allen drei Störungen eine Schichtwiederholung zu beobachten war. Würde es sich hingegen um synthetische Abschiebungen handeln, wären Lücken in der Stratigraphie zu erwarten. Die erste Abschiebung verläuft ca. 500 m südlich der Gemeinde Vlatten und streicht in Richtung WNW-ESE. Sie ließ sich im Gelände aufgrund der Schichtwiederholung Buntsandstein-Muschelkalk-Buntsandstein ausmachen. Die zweite Abschiebung verläuft durch den Muschelkalk auf Höhe des Herrenberges und streicht in Richtung NW-SE. Zu erkennen war diese weniger an einer lithologischen Wiederholung, sondern vielmehr am Ausstrich des Muschelkalks, der im Kartenblatt bei bekannter Schichtmächtigkeit um einiges breiter ausfiel, als zu erwarten gewesen wäre. Auf Grundlage von morphologischen

Besonderheiten am Herrenberg wurde dann die Lage der Störung konkretisiert. Die dritte Abschiebung verläuft durch den Keuper SW der Gemeinde Bürvenich und streicht ebenfalls in NW-SE Richtung. Hergeleitet wurde diese ebenfalls dadurch, dass der Ausstrich breiter als erwartet ausfällt, was für eine Schichtwiederholung innerhalb des Keupers spricht. Allerdings ist die Lage aufgrund des abflachenden Reliefs mit einer größeren Unsicherheit behaftet. Bei allen drei Störungen ist mit einem steilen Einfallen von ca. 80° auszugehen. Quer-, Radial- oder Diagonalstörungen wurden im Kartiergebiet nicht beobachtet.

4 Mineralisation und Bergbau

In dem zu kartierenden Gebiet lassen sich fünf ehemalige Steinbrüche sowie einige Abbaugruben ausmachen, allerdings sind diese teilweise wieder zugeschüttet worden und/oder zugewuchert. In historischer Zeit wurden die abgebauten Steine für den Hausbau genutzt, was sich auch in den Baumaterialen der Häuser lokaler Gemeinden wiederspiegelt. Buntsandsteine hatten als Abbauprodukt in früherer Zeit eine große Bedeutung als Ornament- und/oder Werksteine, verwitterte Sandsteine hingegen als Putz-, Mauersand oder Bettungssande. Heute ist jedoch der Abbau von Buntsandstein in allen Abbaugebieten stark zurückgewichen oder gar ganz gestoppt worden (Henningsen/Katzung 2006:108).

5 Zusammenfassung

Das zu kartierende Gebiet im Mechernicher Trias-Dreieck zwischen Vlatten und Eppenich/Bürvenich ist aus geologischer Sicht insofern besonders hervorzuheben, als dass sich in dieser tektonischen Depressionszone Sedimente der Trias erhalten haben und auch aufgeschlossen sind. Zudem konnten im Kartiergebiet drei NW-SE streichende antithetische Abschiebungen, die sich mit dem regionalen tektonischen Setting decken, aufgrund von Schichtwiederholungen nachgewiesen werden. Aufgrund beschränkter methodischer Möglichkeiten und Zeit konnte nur eine bedingt genaue Kartierung der Schichtgrenzen bzw. Störungen vorgenommen werden, da es nicht zu jeder Schicht einmessbare Aufschlüsse gab und ein Großteil der Kartierung daher mittels Lesegesteinen vorgenommen wurde. Als besonders schwierig stellte sich die Kartierung der Grenze zwischen Oberem Muschelkalk und Unterem Keuper bzw. Unterem Keuper und Mittlerem Keuper im NE des Gebietes heraus, da nur wenige Lesegesteine vorhanden und die entsprechenden Felder durch Lössablagerungen überprägt waren. Allerdings konnte trotz eingeschränkter Möglichkeiten eine relativ aussagekräftige Kartierung der geologischen Gegebenheiten erstellt werden, die aber natürlich noch durch weitere geophysikalische bzw. -chemische Methoden sowie Bohrungen präzisiert werden könnte.

Literaturverzeichnis

Grabert, H. (1998): Abriß der Geologie von Nordrhein-Westfalen. Stuttgart: E. Schweizerbart'sche Verlagsbuchhandlung.

Henningsen, D. / Katzung, G. (2006[7]): Einführung in die Geologie Deutschlands. München: Elsevier.

Meyer, W. (1994[3]): Geologie der Eifel. Stuttgart: E. Schweizerbart'sche Verlagsbuchhandlung.

Walter, R. (1992[5]): Geologie von Mitteleuropa. Stuttgart: E. Schweizerbart'sche Verlagsbuchhandlung.